大满足！
百吃不腻家宴

主编◎张鑫光

U0376219

吉林科学技术出版社

图书在版编目（CIP）数据

大满足！百吃不腻家宴 / 张鑫光主编. -- 长春：
吉林科学技术出版社, 2019.12
ISBN 978-7-5578-3643-6

Ⅰ.①大… Ⅱ.①张… Ⅲ.①家宴－菜谱 Ⅳ.
①TS972.12

中国版本图书馆CIP数据核字(2018)第073269号

大满足！百吃不腻家宴
DA MANZU！BAICHIBUNI JIAYAN

主　　编　张鑫光
出 版 人　李　梁
责任编辑　端金香　郭劲松
书籍装帧　长春美印图文设计有限公司
封面设计　长春美印图文设计有限公司
幅面尺寸　185 mm×260 mm
字　　数　200千字
印　　张　12.5
印　　数　5 000册
版　　次　2019年12月第1版
印　　次　2019年12月第1次印刷

出　　版　吉林科学技术出版社
发　　行　吉林科学技术出版社
地　　址　长春市净月区福祉大路5788号出版集团A座
邮　　编　130118
发行部电话/传真　0431-81629529　81629530　81629531
　　　　　　　　　81629532　81629533　81629534
储运部电话　0431-86059116
编辑部电话　0431-81629517
印　　刷　吉广控股有限公司

书　　号　ISBN 978-7-5578-3643-6
定　　价　49.90元

前 言

在家中宴客是最高规格的待客之道，不仅要让客人吃到美味可口的菜肴，还要让他们吃到新意。要根据宴请宾客的不同，为其制作不同的菜单。所以，学会几道拿手的招牌菜是必不可少的。

本书精选了一百余道美味可口的宴客菜品，共分为蔬果类、禽类、畜肉类、水产品四个章节。从餐前开胃凉菜，到热菜，到汤品，到主食，点点面面，尽皆授予读者，从食材的搭配、烹调技法的运用到最后的装盘造型，无不体现出家的温暖，让您在家也能做出星级美味，轻松成为"家宴美食师"。

本书所示的宴客菜品种类丰富，让你轻轻松松搞定一桌丰盛的宴客大餐！

目录
CONTENTS

＊ 第一章
蔬果类

＊ 第二章
禽类

* 第三章
畜肉类

目录 CONTENTS

目录 CONTENTS

第一章

蔬果·类

板栗娃娃菜

大满足！

用料

| 娃娃菜 400 克
| 去皮板栗 50 克
| 食盐、水淀粉、植物油、葱花、蒜末各适量

做法

1. 娃娃菜洗净，从中间切开后再切六小瓣。

2. 炒锅置火上，倒入植物油，待油烧至六成热时，下入板栗炸至金黄，捞出沥油。

3. 另起锅，倒入清水，加入娃娃菜瓣焯烫一下，捞出沥水。

4. 另起锅，倒入植物油，加入葱花、蒜末煸香，再加入娃娃菜瓣翻炒，加入食盐，用水淀粉勾芡，倒入板栗翻炒均匀即可。

擂椒皮蛋

大满足！

🥄 用料

| 皮蛋 3 枚
| 青椒 3 个
| 美人椒 1 个
| 大蒜 1 头
| 香葱、生抽、香油、香菜、食盐、植物油
各适量

🍲 做法

1. 皮蛋去皮，切成小块；香葱择洗干净，切成葱花；香菜去根，洗净后切成段；大蒜切成蒜末；美人椒切成丁。

2. 炒锅置火上，倒入植物油烧热，放入青椒煎成两面变色后取出。

3. 青椒、皮蛋块、美人椒丁、蒜末放入瓷钵中慢慢捣碎，加入生抽、香油、食盐调味，撒上葱花、香菜段即可。

山楂梨丝

大满足！

🐑 用料

| 雪梨 270 克
| 山楂罐头 50 克

🍲 做法

1. 雪梨洗净，去皮，切成片再切成丝。

2. 山楂从罐头瓶中取出后去核，切开。

3. 雪梨丝放在盘内，山楂块撒在上面，倒入山楂汁即可。

爽口丝瓜芽

大满足！

🍲 用料

| 丝瓜芽 300 克
| 蒜片 5 片
| 红椒粒、黄椒粒各 10 克
| 香油、白醋、食盐各适量

🍲 做法

1. 丝瓜芽洗净，老的根掰掉。

2. 嫩的丝瓜芽放入容器内，加入香油、白醋、食盐搅拌均匀，再加入红椒粒、黄椒粒、蒜片搅拌均匀，装盘即可食用。

浓汁娃娃菜

大满足！

用料

| 娃娃菜 400 克
| 高汤 1000 克
| 葱花、枸杞子、食盐各适量

做法

1. 枸杞子洗净；娃娃菜洗净，从中间切开后再切成三小瓣。

2. 炒锅置火上，加入清水，待清水沸腾时再加入娃娃菜，发软后捞出。

3. 另起锅，加入高汤、适量食盐、娃娃菜煮 3 分钟，撒上枸杞子和葱花即可。

蓑衣黄瓜

大满足！

🍲 用料

| 黄瓜 500 克
| 小米椒、大蒜、食盐、生抽、香油、白芝麻各适量

🍳 做法

1. 黄瓜洗净后改成蓑衣刀，先一面斜刀切入一半，然后每隔一个硬币处再切一刀，最后在另一面下刀，方向与它相反，从头切到尾。
2. 小米椒洗净，切成椒圈；大蒜切成末。
3. 黄瓜放入容器内，加入食盐腌 30～60 分钟。
4. 取一玻璃容器，加入生抽、香油、小米椒末、蒜末搅拌均匀，做成味汁。
5. 腌好的黄瓜装盘，再倒入调好的味汁，撒上白芝麻即可。

南瓜蒸百合

大满足！

🍄 用料

| 南瓜 500 克
| 鲜百合、枸杞子各少许

🍲 做法

1. 南瓜洗净，一分为二，先切两刀分成小瓣，再切成小块；鲜百合洗净后掰开。

2. 锅置火上，切好的南瓜块放入容器内蒸 20～30 分钟，出锅后撒上鲜百合和枸杞子即可。

香菇焖果仁

大满足！

🍲 用料

| 香菇 200 克
| 花生 300 克
| 花椒 2 克
| 八角 6 克
| 香叶 1 片
| 生抽、蚝油、白糖、食盐、料酒、植物油、葱花、葱段、红椒丝各适量

🍲 做法

1. 炒锅置火上，倒入清水，加入花生、香叶、八角、花椒、食盐、葱段，煮熟后捞出花生，花生去壳，花生仁外皮去掉；香菇洗净，去根。

2. 炒锅置火上，倒入清水，下入香菇焯烫熟，捞出沥水。

3. 另起锅，倒入植物油，加入葱花煸香，加入蚝油、料酒、白糖、生抽、香菇、花生仁、红椒丝翻炒均匀即可。

爽口紫背天葵
大满足！

🍃 用料

| 紫背天葵 300 克
| 食盐、白醋、香油各适量

🍲 做法

紫背天葵洗净，去根，放入容器内，加入食盐、白醋、香油，搅拌均匀后即可装盘。

咖喱蒸土豆

大满足！

🍲 用料

| 土豆 300 克
| 胡萝卜 200 克
| 咖喱酱 2 汤勺

🍲 做法

1. 土豆和胡萝卜去皮，切滚刀块。

2. 土豆块、胡萝卜块放入热油中滑一下，捞出沥油，放入大碗后加入咖喱酱搅拌均匀，再放入蒸锅中蒸熟，即可食用。

梅汁圣女果

大满足！

用料

| 圣女果 300 克
| 话梅 10 颗
| 蓝莓酱适量

做法

1. 炒锅置火上，倒入清水烧沸，倒入圣女果烫 1 分钟后捞出，剥皮。
2. 话梅放入碗内，用清水泡 20 分钟，捞出沥水。
3. 话梅与圣女果放入容器内，蓝莓酱淋在上面即可食用。

爽口蓝莓山药

大满足!

🍃 用料

| 山药 400 克
| 蓝莓酱 100 克

🍲 做法

1. 山药削皮，切滚刀块。
2. 炒锅置火上，倒入清水，下入山药块，焯烫熟后捞出。
3. 山药块倒入凉水中投凉，捞出沥干后装盘。
4. 在山药块上面淋蓝莓酱即可。

鲜炖豆腐

大满足！

🍮 用料

| 豆腐 500 克
| 上海青 50 克
| 香菇 3 个
| 姜片 5 片
| 食盐、枸杞子各适量
| 香油少许

🍲 做法

1. 上海青洗净后掰小瓣；香菇洗净，去根，切成四瓣；豆腐切成大片。

2. 炒锅置火上，倒入清水，加入姜片、香菇瓣煮 5 分钟，加入豆腐片、食盐、上海青、香油炖 10 分钟，撒上枸杞子即可。

拌虫草花

大满足！

用料

| 虫草花 300 克
| 葱 2 棵
| 食盐、香油、香菜段各适量

做法

1. 虫草花洗净，去根；葱洗净，切成丝。

2. 炒锅置火上，倒入清水烧至微沸，下入虫草花焯烫熟后，捞出投凉，控水后加入葱丝、食盐、香油搅拌均匀，撒上香菜段即可。

鲜吃秋葵

大满足！

🍄 用料

| 秋葵 300 克

| 红椒粒、食盐、植物油各适量

🍲 做法

1. 秋葵洗净，去蒂，从中间切开。

2. 炒锅置火上，倒入清水，加入食盐、植物油，下入秋葵焯烫一下，捞出。

3. 秋葵投凉后，捞出沥水，装盘后撒上红椒粒即可。

意大利沙拉

大满足!

🍳 用料

| 牛肉 200 克　　　　　　　　| 小黄瓜 100 克

| 豌豆 20 克　　　　　　　　| 小洋葱、圣女果各 50 克

| 黄椒、红椒各 30 克　　　　| 食盐、植物油各适量

🍲 做法

1. 蔬菜、牛肉洗净；圣女果顶刀切成片；小洋葱切成丝；红椒、黄椒切成片；小黄瓜去皮，斜刀切成片；牛肉切成条，再切成片。

2. 炒锅置火上，倒入植物油，加入牛肉片炒至断生后盛出。

3. 另起锅，倒入植物油，加入小洋葱丝煸香，加入小黄瓜片、牛肉片、红椒片、黄椒片、食盐快速翻炒至入味，出锅装盘，撒上豌豆配色即可。

香酥炸香蕉

大满足！

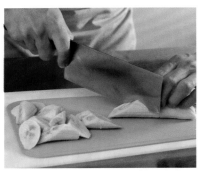

🍳 用料

| 香蕉 400 克
| 面粉 100 克
| 植物油适量

🍲 做法

1. 香蕉去皮，切滚刀块。

2. 面粉倒入清水，搅拌成糊，香蕉块倒入糊中，粘均匀。

3. 炒锅置火上，倒入植物油，烧至四成热后，放入香蕉块，待炸至呈金黄色时即可捞出。

酱香茄子

大满足！

🥘 用料

| 长茄子 400 克
| 洋葱 50 克
| 大蒜 1 头
| 黄豆酱、白糖、植物油、葱花、红椒粒各适量

🍲 做法

1. 蔬菜洗净；洋葱从中间切开，切成丝；大蒜切成末；长茄子先切段，再切粗条。

2. 炒锅置火上，倒入植物油，待油烧至六成热时，倒入茄子条，炸至呈金黄色，捞出沥油。

3. 另起锅，倒入植物油，加葱花、蒜末煸香，加入黄豆酱炒制，再加入清水、白糖，最后加入茄子条、洋葱丝翻炒均匀，撒上红椒粒即可。

芦笋炒百合

大满足！

🍳 用料

| 芦笋 350 克
| 鲜百合 50 克
| 食盐、红椒片、
植物油各适量

🍲 做法

1. 鲜百合用手掰开；芦笋去皮，斜刀切成菱形片。

2. 锅置火上，倒入清水，放入切好的芦笋，再放入鲜百合与红椒片，焯熟后捞出沥水。

3. 炒锅中的水倒掉，倒入植物油，加入芦笋、百合、红椒片翻炒，加入食盐调味即可出锅。

干贝烧豆腐

大满足！

用料

| 干贝 10 克
| 豆腐 500 克
| 葱花、姜末各 5 克
| 食盐、植物油各适量

做法

1. 豆腐切方块。

2. 干贝撕成丝，越细越好。

3. 炒锅置火上，倒入植物油，加入豆腐块煎至金黄，撒上食盐后盛出。

4. 另起锅，倒入植物油，加入葱花、姜末煸香，加入清水、干贝丝煮至水开，加入豆腐块、食盐烧 5~10 分钟即可。

酿苦瓜

⊙ 用料

| 猪肉馅 100 克
| 苦瓜 200 克
| 红椒粒、蛋清、姜末、食盐、
面粉、植物油各适量

⊙ 做法

1. 苦瓜洗净，切成段，再去瓤，用食盐腌 3 分钟。

2. 猪肉馅放入容器内，加入食盐、姜末、蛋清搅拌均匀。

3. 苦瓜里面粘上面粉，猪肉馅均匀填充在苦瓜内，两面有肉的地方粘上面粉。

4. 炒锅置火上，倒入植物油，放入苦瓜炸熟后装盘，撒上红椒粒即可。

炸 杏鲍菇 盒

大满足!

🍲 用料

| 猪肉馅、杏鲍菇
各 200 克
| 鸡蛋 2 枚
| 姜末 5 克
| 胡萝卜丝、葱花、
玉米淀粉、食盐、橙
汁、白糖、水淀粉、
植物油各适量

🍳 做法

1. 杏鲍菇从中间切开，斜刀切一刀不断的，再切一刀断的，形成一个夹子。
2. 猪肉馅放入容器内，加入食盐、姜末搅拌均匀。
3. 杏鲍菇中间夹入猪肉馅。
4. 鸡蛋磕入碗中，打散成蛋液。
5. 杏鲍菇粘蛋液，放入容器中，撒上玉米淀粉。
6. 炒锅置火上，倒入植物油，待油烧至五成热时，下入杏鲍菇炸至呈金黄色，捞出沥油。
7. 另起锅，倒入清水、橙汁、食盐、白糖，用水淀粉勾芡，再加入杏鲍菇翻炒均匀，撒上胡萝卜丝、葱花即可。

第二章

禽类

44

宫保鸡丁

大满足！

用料

| 鸡胸肉 200 克
| 葱 1 棵
| 去皮花生仁 50 克
| 蒜片 7 片
| 姜片 5 片
| 花椒 3 克
| 鸡蛋 1 枚
| 干辣椒、玉米淀粉、生抽、郫县豆瓣酱、白糖、水淀粉、料酒、植物油、食盐各适量

做法

1. 葱洗净，切成丁；鸡胸肉洗净，切成丁，放入容器内，加入食盐、鸡蛋、玉米淀粉搅拌均匀。

2. 炒锅置火上，倒入植物油，下入鸡肉丁过油断生，捞出沥油。

3. 锅内留有植物油，下入蒜片、姜片、花椒、干辣椒煸香，加入郫县豆瓣酱、料酒、生抽、白糖、水淀粉勾芡，再下入鸡肉丁、葱丁、花生仁翻炒均匀即可。

大蒜焖鸭

大满足！

🍲 用料

| 鸭腿 500 克
| 姜 1 块
| 大蒜 1 头
| 杭椒 2 根
| 红椒 1 根
| 八角 3 克
| 生抽、食盐、水淀粉、植物油各适量

🍲 做法

1. 姜切成片；大蒜掰瓣；杭椒、红椒切成片；鸭腿洗净，剁成块。

2. 炒锅置火上，倒入清水，倒入鸭块焯烫，撇去血沫，捞出沥水。

3. 另起锅，倒入植物油，加入姜片煸香，再加入鸭腿块、生抽、清水、蒜瓣、食盐、八角焖 10 分钟，加入杭椒片、红椒片翻炒均匀，再用水淀粉勾芡即可出锅。

虫草花炖老鸡

大满足！

🍄 用料

| 老母鸡 500 克
| 竹荪、虫草花各 50 克
| 食盐适量
| 枸杞子 10 克

🍲 做法

1. 老母鸡去屁股，从中间切开，去除内脏、鸡油，剁去爪子，洗净。
2. 炒锅置火上，倒入清水，下入老母鸡焯烫 5 分钟后捞出。
3. 另起锅，倒入清水，加入老母鸡、食盐炖 40~60 分钟，再加入竹荪、虫草花、枸杞子炖 10~20 分钟后，即可出锅。

左宗棠 鸡

大满足！

🥢 用料

| 柴鸡 500 克
| 姜末 10 克
| 枸杞子、白芝麻、
生抽、白糖、植物油、
食盐各适量

🍲 做法

1. 柴鸡洗净，剁成块。

2. 炒锅置火上，倒入清水，加入鸡块焯烫 5 分钟，用勺子撇除血沫，捞出鸡块。

3. 另起锅，倒入植物油，加入姜末煸香，加入鸡块、生抽、白糖、食盐、枸杞子、清水烧至鸡块熟嫩出锅，撒上白芝麻即可。

啤酒鸭

大满足!

🥢 用料

| 白条鸭 500 克
| 啤酒 240 克
| 姜 1 块
| 蒜片、青椒片、红椒片、食盐、水淀粉、老抽各适量

🍲 做法

1. 姜洗净，去皮后切薄片；白条鸭洗净，剁成条，再剁成块。

2. 炒锅置火上，倒入清水，加入鸭块焯烫 5 分钟左右，待血沫浮现，撇除后捞出。

3. 另起锅，加入蒜片、姜片爆香，加入鸭块煸炒，加入啤酒、少量老抽、食盐煮 10 分钟左右，加入青椒片、红椒片，用水淀粉勾芡即可出锅。

柠檬鸭

大满足！

🥄 用料

| 白条鸭 500 克
| 柠檬 1 个
| 枸杞子、姜丝、白糖、植物油、食盐各适量

🍲 做法

1. 柠檬洗净，顶刀切成片；鸭肉切成条，再剁成块。

2. 炒锅置火上，倒入清水，鸭肉倒入水中焯烫 5 分钟，撇除血沫后，捞出鸭肉沥水。

3. 另起锅，倒入植物油，加入姜丝爆香，加入鸭块煸炒，待香气扑鼻时，加入适量清水和柠檬片煮 30 分钟左右，加入适量白糖、食盐煮 5 分钟，撒上枸杞子即可出锅。

柠檬可乐鸡

大满足！

🍃 用料

| 鸡腿 300 克
| 可乐 250 克
| 柠檬、姜末、枸杞子各适量

🍲 做法

1. 柠檬洗净，顶刀切成片；鸡腿洗净，剁成条，再剁成块。

2. 炒锅置火上，加入清水、鸡腿块焯烫 3～5 分钟，待血沫出来后撇除，捞出鸡块。

3. 另起锅，加入柠檬片、姜末、可乐煮至开锅，鸡腿倒入锅中煮 10～15 分钟，待汤汁浓稠时撒上枸杞子即可出锅。

豉油鸡

大满足！

🍥 用料

| 鸡翅 300 克
| 豆豉 20 克
| 红椒粒、姜末、蒜末、葱花、植物油各少许
| 老抽、白糖各 1 汤勺
| 食盐适量

🍲 做法

1. 鸡翅剁块。

2. 炒锅置火上，倒入植物油，待油烧至五成热时，放入葱花、蒜末、姜末煸香，放入鸡翅块炒至变色，放入白糖、食盐、豆豉、老抽炒香，撒上红椒粒即可出锅。

口水鸡

🥢 用料

| 三黄鸡 1 只
| 美人椒圈 25 克
| 姜片 5 片
| 干辣椒 5 个
| 花椒 10 克
| 八角 8 克
| 香叶 5 片
| 桂皮 2 块
| 白芝麻 15 克
| 辣椒油、生抽各 2 汤勺
| 白糖、香醋各 1 汤勺
| 蒜末、葱段、葱花、食盐各适量

🍲 做法

1. 三黄鸡冷水下锅，放入葱段、姜片、干辣椒、香叶、桂皮、花椒、八角、食盐，盖上锅盖炖 1 小时，捞出三黄鸡，沥水，凉凉。

2. 取一大碗，放入蒜末、美人椒圈、生抽、香醋、辣椒油、白糖做成调味汁。

3. 鸡肉剁成大小均匀的块后摆入盘中，制好的调味汁倒在鸡肉上，撒上白芝麻、葱花即可。

南瓜蒸鸡肉

大满足！

🍄 用料

| 鸡腿 300 克

| 南瓜 1 个

| 青豆 20 克

| 青椒片、红椒片、姜片、生抽、食盐、植物油各适量

🍲 做法

1. 南瓜洗净，在瓜蒂部切开一个小口，去瓤，做成南瓜盅。

2. 鸡腿洗净，剁成条，再剁成小块。

3. 炒锅置火上，倒入清水，倒入鸡块焯烫 5 分钟左右，撇除血沫，捞出鸡块后沥水。

4. 另起锅，倒入少量植物油，加入姜片炒香，再加入鸡块炒制，加入青豆翻炒，加入食盐、生抽、清水炖至七分熟后捞出，和青椒片、红椒片一起倒入南瓜盅。

5. 蒸锅置火上，放入南瓜盅，蒸 20～30 分钟即可食用。

美味酱烧 鸭

大满足！

🍲 用料

| 鸭腿 300 克
| 鸡蛋 1 枚
| 豆片 2 张
| 胡萝卜 200 克
| 香葱 3 棵
| 玉米淀粉、甜面酱、植物油、白糖各适量

🍲 做法

1. 鸭腿剔骨，切成两条，然后切成片，放入容器内，加入少许蛋清搅拌均匀，再加入玉米淀粉搅拌均匀；豆片切成小片；胡萝卜洗净，去皮后切成丝；香葱洗净，切小段。

2. 炒锅置火上，加入植物油，将腌好的鸭肉滑油，待鸭肉微微定型时用勺子轻轻搅动，待鸭肉表面变浅黄色后捞出沥油。

3. 另起锅，倒入植物油，加入甜面酱炒匀，加入适量白糖、鸭肉片快速翻炒，出锅装盘，将事先备好的胡萝卜丝、豆片、香葱段摆盘即可食用。

棒棒鸡
大满足！

🦐 用料

| 鸡腿 500 克
| 白芝麻、干辣椒各 10 克
| 大蒜 1 头
| 美人椒 25 克
| 香叶 3～5 片
| 香葱 2 根
| 去皮花生仁 15 克
| 辣椒油 3 汤勺
| 葱段、姜片、食盐、白糖各适量
| 生抽、香醋各 1 汤勺
| 麻油半汤勺

🍲 做法

1. 美人椒去蒂，切成小圈；大蒜切成小块；香葱切成末。

2. 锅置火上，倒入清水，将鸡腿、葱段、姜片、干辣椒、香叶放入锅中煮沸，用勺子撇去锅中的血沫，煮10～15 分钟后捞出，凉凉后放在菜板上，用擀面杖将鸡肉敲打松软，撕成细丝放到盘子中。

3. 取一小碗，将美人椒圈、蒜块放入碗中，加入辣椒油、生抽、香醋、麻油、少许食盐和白糖，去皮花生仁压成花生碎，加入调料中搅拌均匀。

4. 食用时撒上香葱末、白芝麻，将调好的料汁浇在鸡丝上即可食用。

盐水鸭

大满足！

🍲 用料

| 鸭腿 500 克
| 姜片 3 片
| 八角 5 克
| 葱花 20 克
| 蒜末、食盐、干辣椒、红椒粒各适量

🍲 做法

1. 锅置火上，加入蒜末、八角、姜片、食盐、干辣椒煮至开锅，加入鸭腿炖 40～50 分钟，待鸭腿煮熟后捞出沥水。

2. 鸭腿斩成条，装盘，撒上红椒粒、葱花即可。

黑椒 鸡翅

大满足！

🥘 用料

| 鸡翅 500 克
| 黑胡椒 20 克
| 蚝油 2 汤勺
| 苦瓜圈、蒜片、食盐、植物油各适量

🍲 做法

1. 鸡翅洗净，在鸡翅的两面各划两刀，放入大碗中，放入黑胡椒、蚝油搅拌均匀。
2. 炒锅中倒入植物油，放入鸡翅炒至变色，放入蒜片煸香，加入适量的清水、食盐烧至汤汁浓稠，和苦瓜圈一起装盘即可。

芥末 鸭掌

大满足！

🥄 用料

| 鸭掌 300 克
| 芥末膏、食盐、白醋、蒜末、生抽、葱段、姜片、黄瓜各适量

🍲 做法

1. 炒锅置火上，加入葱段、姜片、鸭掌煮 30~45 分钟，捞出投凉。

2. 用剪子将鸭骨去除，放入容器内，加入蒜末、食盐、白醋搅拌均匀后取出。

3. 黄瓜洗净，削皮切成片。

4. 在芥末膏中加入生抽搅拌均匀，做成芥末汁。

5. 取一盘子，用黄瓜片垫底，鸭掌码放整齐，可以配芥末汁食用。

双仁鸡排

大满足！

🥄 用料

| 鸡胸肉 500 克
| 去皮花生仁、瓜子仁各 20 克
| 鸡蛋 1 枚
| 面包糠、番茄酱、淀粉、植物油各适量

🍲 做法

1. 鸡胸肉洗净，从中间片开，厚约 0.5 厘米。
2. 去皮花生仁碾压成碎末。
3. 鸡胸肉放入容器内，加入蛋液、淀粉搅拌均匀，再加入瓜子仁、花生仁碎搅拌均匀。
4. 取一大盘子，撒上一层面包糠，将一片鸡胸肉平整放在上面，再撒上面包糠。
5. 炒锅置火上，倒入植物油，烧至五成热时，加入鸡胸肉，炸至鸡胸肉两面金黄时捞出沥油。
6. 鸡胸肉切成条，装盘后蘸番茄酱即可食用。

蒜香鸡翅

大满足！

🥘 用料

| 鸡翅 500 克
| 大蒜 1 头
| 葱花、姜末、五香粉、
食盐、植物油各适量

🍲 做法

1. 大蒜切成末。

2. 鸡翅表皮的刀口切得较深会比较入味，也可用牙签扎鸡翅。

3. 鸡翅放入容器内，加入葱花、姜末、蒜末、食盐、五香粉、适量的清水搅拌均匀，腌 30～60 分钟。

4. 炒锅置火上，倒入植物油，烧至六成热，加入鸡翅炸至呈金黄色即可。

重庆辣子鸡

大满足!

🥢 用料

| 鸡肉 500 克
| 葱段 2 段
| 蒜片 4 片
| 鸡蛋 1 枚
| 葱花、白芝麻、花椒、姜末、干辣椒、蚝油、食盐、玉米淀粉、植物油各适量

🍲 做法

1. 鸡肉剁成块，放入容器内，加入食盐、蚝油、姜末、蛋清、玉米淀粉搅拌均匀。

2. 炒锅置火上，倒入植物油，待油烧至六成热后倒入鸡块，炸至呈金黄色，捞出沥油。

3. 锅内留有植物油，加入姜末、蒜片、葱段、花椒、干辣椒煸香，最后加入鸡块翻炒均匀，撒上白芝麻和葱花即可。

第三章

畜肉类

黑椒牛肉粒

大满足！

🍲 用料

| 牛肉 300 克
| 蒜片 5 片
| 鸡蛋 1 枚
| 炸好的玉米片、黑胡椒、玉米淀粉、水淀粉、白糖、食盐、植物油、生抽各适量

🍲 做法

1. 牛肉洗净，切成小粒，放入容器内，加入食盐、鸡蛋、玉米淀粉搅拌均匀。

2. 炒锅置火上，倒入植物油，待油烧至六成热时，加入牛肉粒过油，捞出沥油。

3. 锅内留有植物油，加入蒜片煸香，再加入牛肉粒、生抽、清水、白糖、黑胡椒翻炒均匀，临出锅加入水淀粉勾芡，撒上玉米片即可。

红烧丸子

大满足！

用料

| 五花肉馅 600 克
| 姜末 10 克
| 鸡蛋 1 枚
| 葱花、食盐、面粉、白糖、老抽、料酒、植物油各适量

做法

1. 五花肉馅放入容器内，加入清水、姜末、食盐、鸡蛋搅拌均匀，再加入面粉搅拌上劲，制成丸子。

2. 炒锅置火上，倒入植物油，待油烧至六成热时，将丸子下入锅内，炸至至金黄色，捞出沥油。

3. 另起锅，倒入植物油烧热，加入老抽、料酒、清水、食盐、白糖、丸子烧至汤汁浓稠，撒上葱花即可。

冬笋 五花肉

大满足！

🍲 用料

| 五花肉 500 克
| 冬笋干 100 克
| 花椒 5 克
| 黄酒、生抽、蚝油各 2 汤勺
| 白糖 1 汤勺
| 生菜、葱段、姜片、食盐、八角各适量

🍲 做法

1. 冬笋干泡发，切成片。

2. 五花肉切成块，放入锅中，加入冷水，放入姜片、葱段、花椒、八角煮 5 分钟（注意要冷水下肉，这样能够保证肉质的鲜嫩），捞出肉块凉凉后，放入大碗中，加入葱段、姜片、冬笋干片、生抽、黄酒、白糖、食盐、蚝油搅拌均匀，将生菜放在碗中，取出肉块放在生菜上，放到蒸锅中蒸 2 小时即可。

滋补酱蹄花

大满足！

🍲 用料

| 猪脚 500 克

| 黄豆 50 克

| 姜片 5 片

| 桂皮 5 克

| 香叶 2 片

| 八角 6 克

| 枸杞子、葱花、葱段、花椒、干辣椒、南乳汁、食盐、白糖、植物油各适量

🍲 做法

1. 黄豆倒入清水中泡发；猪脚从中间劈开。

2. 炒锅置火上，倒入清水，加入猪脚煮至七分熟，捞出沥水。

3. 另起锅，倒入植物油，待油烧至六成热时，加入猪脚，炸至呈金黄后捞出。

4. 锅内留有植物油，加入葱段、姜片、香叶、八角、桂皮、干辣椒、花椒煸香，倒入清水、猪脚、南乳汁、食盐、白糖、黄豆酱 20～30 分钟，撒上葱花、枸杞子即可。

花椒肉

大满足！

🍳 用料

| 五花肉 600 克
| 姜片 5 片
| 黄椒圈、红椒圈、花椒、食盐、老抽、葱段、植物油各适量

🍲 做法

1. 炒锅置火上，倒入清水，下入五花肉焯烫至八分熟，捞出沥水。

2. 另起锅，倒入植物油，待油烧至七成热时，下入五花肉炸至呈金黄色，捞出沥油。

3. 花椒按碎。

4. 五花肉切厚片，在碗内码放整齐，放入花椒、葱段、姜片、食盐、老抽，将碗移至蒸锅蒸 30~50 分钟，撒上红椒圈、黄椒圈即可。

酱牛肉卷

大满足!

用料

| 牛肉条（牛里脊）800 克
| 姜片 5 片
| 八角 2 克
| 肉蔻 3 个
| 白扣 2 个
| 花椒 4 克
| 孜然粒 3 克
| 香叶 2 片
| 小茴香、桂皮各 5 克
| 蒜末、葱段、干辣椒、食盐、植物油、老抽、料酒各适量

做法

1. 炒锅置火上，倒入清水，下入牛肉条焯烫 10～15 分钟，用勺子将血沫撇除干净，捞出沥水。

2. 在牛肉条一面划一刀，不要切透。

3. 另起锅，倒入植物油，加入花椒、八角、肉蔻、白扣、干辣椒、小茴香、孜然粒、香叶煸香，加入葱段、姜片、桂皮、老抽、食盐、料酒、清水、牛肉条，待牛肉条上色时捞出。

4. 案板上铺一层保鲜膜，将牛肉条放在上面，用保鲜膜多卷几层，放入冰箱冷藏 5 小时，拿出来切成片，撒上蒜末即可食用。

清蒸丸子

大满足！

🥢 用料

| 猪肉馅 400 克
| 姜末 10 克
| 胡萝卜 200 克
| 鸡蛋 1 枚
| 食盐、玉米淀粉各适量

🍲 做法

1. 胡萝卜削皮，切成片。
2. 猪肉馅放入碗内，加入清水、姜末、食盐、鸡蛋搅拌均匀，再加入玉米淀粉搅拌，制成丸子。
3. 胡萝卜片放在盘中，将丸子放在胡萝卜片上，移至蒸锅蒸 20 分钟左右即可。

竹香烤牛柳

大满足！

🥢 用料

| 牛肉 200 克
| 洋葱 50 克
| 杭椒 3 根
| 美人椒 1 根
| 姜片 5 片
| 鸡蛋 1 枚
| 香菜段、大蒜、食盐、玉米淀粉、白芝麻、辣椒粉、蚝油、植物油各适量

🍲 做法

1. 牛肉洗净，切成片，放入容器内，加入食盐、清水搅拌均匀，加入蛋液搅拌均匀，再加入玉米淀粉搅拌均匀。

2. 杭椒去根，切成椒圈；美人椒去根，切成椒圈；洋葱切成丝；大蒜切成片。

3. 炒锅置火上，倒入植物油，待油烧至六成热后，加入牛肉，待牛肉微微定型时，用勺子快速拨动、搅散，断生后捞出沥油。

4. 锅内留有植物油，加入姜片、蒜片、洋葱丝煸香，再加入蚝油煸炒均匀，倒入竹篓。

5. 另起锅，倒入植物油，加入姜片、蒜片、杭椒圈、美人椒圈、牛肉片、食盐、辣椒粉翻炒均匀，再加入香菜段快速翻炒后倒入竹篓里，撒上白芝麻即可食用。

南瓜烧排骨

大满足！

🍲 用料

| 排骨 300 克
| 南瓜 200 克
| 八角 2 克
| 香菜段、葱末、蒜末、姜末、食盐、老抽、植物油各适量

🍲 做法

1. 南瓜洗净，去皮、瓤，切成滚刀块（形状可以根据自己喜好）；每根排骨剁成长条。

2. 炒锅置火上，倒入清水，加入排骨焯烫 5～10 分钟，待水表面出现血沫时，用勺子撇除，待排骨色泽变白后捞出沥水。

3. 另起锅，锅中倒入清水，加入排骨、葱末、姜末、八角煮 20～30 分钟后捞出。

4. 另起锅，加油烧热，加入蒜末、姜末、南瓜块翻炒均匀，随后加入排骨、老抽、清水、食盐，待汤汁浓稠时，撒上香菜段即可出锅。

芋头烧排骨

大满足!

🥄 用料

| 排骨 300 克
| 芋头 100 克
| 姜片 5 片
| 八角 3 克
| 葱花、葱段、蒜片、生抽、老抽、水淀粉、植物油各适量

🍲 做法

1. 芋头洗净，去皮，切成块；排骨剁成块。
2. 炒锅置火上，加入清水，排骨冷水下锅焯烫 5~10 分钟，用勺子撇除血沫，捞出排骨沥水。
3. 另起锅，加入清水、排骨、八角、葱段、姜片煮 10 分钟后捞出沥水。
4. 另起锅，倒入植物油烧热，加入蒜片煸香，加入排骨、芋头、生抽、老抽、清水烧 10 分钟，加入水淀粉勾芡，撒上葱花即可出锅。

孜然羊排

大满足！

用料

| 羊排 300 克
| 红椒粒、白芝麻各 10 克
| 葱花、香菜末、孜然、辣椒粉、植物油、洋葱粒、青椒粒各适量

做法

1. 羊排剁成段。

2. 炒锅置火上，倒入清水，羊排冷水下锅，水沸后煮 5～10 分钟，用勺子撇除血沫，捞出羊排沥水。

3. 另起锅，加入植物油烧热，放入羊排煎至两面金黄，加入洋葱粒、青椒粒、红椒粒、辣椒粉、孜然、白芝麻、葱花、香菜末翻炒均匀即可。

香煎 肉饼
大满足！

🍳 用料

| 猪肉馅 400 克
| 鸡蛋 1 枚
| 玉米淀粉 50 克
| 食盐、植物油各适量

🍲 做法

1. 猪肉馅放入容器内，加入食盐、蛋液搅拌均匀，做成肉饼，放蒸锅内蒸 20 分钟。

2. 炒锅置火上，倒入植物油，待油烧至五成热时，将蒸好的肉饼粘上玉米淀粉，放入锅中，煎至两面金黄，即可出锅。

青笋炖牛腩

大满足！

🍴 用料

| 牛腩、青笋各 200 克
| 姜片 3 片
| 香菜段、红椒丝、植物油、老抽、食盐、八角各适量

🍲 做法

1. 牛腩洗净，切成块；青笋洗净，去皮后切成滚刀块。

2. 炒锅置火上，倒入清水，牛腩块下入锅中，水沸后煮 5～10 分钟，用勺子将血沫撇除，再将牛腩块捞出沥水。

3. 另起锅，倒入植物油烧热，放姜片、八角煸香，加入牛腩块煸炒，加入清水、老抽、青笋块、食盐炖 30 分钟，收汤后出锅，撒上香菜段、红椒丝即可。

南瓜红烧肉

大满足！

🍳 用料

| 五花肉 300 克
| 南瓜 200 克
| 白糖 80 克
| 八角 5 克
| 香叶 2 片
| 姜、桂皮、老抽、食盐、葱花、
枸杞子、植物油各适量

🍲 做法

1. 姜洗净，去皮后切成片；五花肉洗净，切成块；南瓜去皮、瓤，切成块。

2. 炒锅置火上，加入清水，加入五花肉块，待水煮沸后，用炒勺撇清脏物，捞出沥水。

3. 另起锅，倒入植物油，烧至五成热时，放入五花肉块，待五花肉块炸至呈淡金色时，捞出沥油。

4. 另起锅，加入白糖和清水，炒勺不停在锅内搅拌，直至白糖变成琥珀色，加入五花肉翻炒，再加入清水没过五花肉，加入姜片、葱花、八角、香叶、桂皮、老抽、食盐炖一会儿，捞出五花肉块，倒入高压锅中压 20 分钟，将五花肉块倒回炒锅内，南瓜块放入锅中，烧至熟烂，撒上枸杞子即可出锅。

炸猪排

大满足！

🥄 用料

| 猪里脊肉 400 克
| 鸡蛋 1 枚
| 面包糠、食盐、番茄酱、
植物油各适量

🍳 做法

1. 猪里脊肉去筋皮，片大片，放入容器内，加入食盐、蛋液搅拌均匀。

3. 取一大盘子，撒上面包糠，将肉片平铺在上面，再均匀地撒上面包糠。

4. 炒锅置火上，倒入植物油，待油烧至五成热时，将肉片慢慢下入，炸至两面色泽金黄，捞出沥油。

5. 炸好的猪排切粗条，装盘后配番茄酱即可食用。

豆腐扣肉

🍲 用料

| 带皮五花肉 500 克
| 豆腐 400 克
| 八角 8 克
| 老抽 1 汤勺
| 辣椒酱、料酒、白糖各 2 汤勺
| 生菜、植物油、食盐、花椒、姜片、葱花、香葱结各适量

🍲 做法

1. 带皮五花肉冷水下锅，放入八角、花椒、香葱结、姜片煮至八分熟，捞出沥水，凉凉；豆腐切成片。

2. 炒锅置火上，倒入植物油，烧至五成热时将五花肉放入锅中炸一下，捞出沥油，凉凉后切成片，蘸满酱料（辣椒酱、料酒、老抽、白糖、食盐），碗中放入生菜，按一片豆腐、一片肉的方法在碗中码好（肉皮朝下），放上姜片、葱花后蒸 30～40 分钟即可出锅。

糯米蒸排骨

大满足！

用料

| 排骨 400 克
| 糯米 50 克
| 红椒粒、香葱末、海鲜酱、柱侯酱、蚝油
各适量

做法

1. 糯米放入容器内，加入清水泡发；排骨洗净，剁成段。

2. 海鲜酱、柱侯酱、蚝油搅拌均匀，倒入装有排骨的容器内抓拌均匀，倒入泡发好的糯米搅拌均匀。

3. 搅拌好的排骨已经均匀粘上酱料，用筷子放入小蒸笼内。

4. 蒸锅置火上，将小蒸笼放到蒸锅上蒸20～30 分钟，出锅后撒上红椒粒、香葱末即可。

红烧五花肉

大满足!

🥢 用料

| 五花肉 500 克
| 姜片 5 片
| 八角 3 克
| 生抽、料酒、白糖、食盐、植物油各适量

🍲 做法

1. 五花肉洗净，切小块。
2. 炒锅置火上，倒入清水，加入五花肉块焯烫5～10 分钟后捞出沥水。
3. 另起锅，倒入植物油，加入八角、姜片煸香，加入五花肉块翻炒，加入生抽、料酒、白糖、食盐、清水烧 30 分钟即可。

孜然羊肉

大满足！

🍃 用料

| 羊肉 200 克
| 姜片 5 片
| 孜然、食盐、生抽、辣椒粉、
蒜片、白芝麻、香菜、植物油
各适量

🍲 做法

1. 羊肉洗净，切成片，放入容器内，加入食盐搅拌均匀，再加入生抽搅拌均匀。

2. 香菜洗净，去根，切小段。

3. 炒锅置火上，倒入植物油，加入羊肉片煸香，再加入蒜片、姜片、孜然、食盐、辣椒粉、白芝麻、香菜段翻炒均匀即可。

樱桃里脊

大满足！

🍲 用料

| 里脊肉 500 克
| 面粉、玉米淀粉各
30 克
| 鸡蛋 1 枚
| 红椒丝、香菜段、白
芝麻、番茄酱、食盐、
白糖、生抽、植物油各
适量

🍲 做法

1. 里脊肉洗净，切成条，再切小块，放入碗中，加入食
盐、玉米淀粉、面粉、鸡蛋搅拌均匀。
2. 炒锅置火上，倒入植物油，待油烧至五六成热后，加
入里脊肉块，炸至呈金黄色，捞出沥油。
3. 另起锅，倒入植物油烧热，加入清水、白糖，待有
些浓稠时倒入番茄酱、生抽、食盐、炸好的里脊肉块
翻炒均匀，撒上红椒丝、香菜段、白芝麻即可。

剁椒猪脚

大满足！

🍲 用料

| 猪脚 600 克
| 美人椒粒 25 克
| 姜片 5 片
| 老抽 2 汤勺
| 葱段、葱花、白糖、食盐、植物油、辣椒丁各适量

🍲 做法

1. 猪脚去毛，洗净，劈开后剁成块，放入沸水中焯烫，用勺子将血沫撇净，捞出猪脚后放入高压锅中，加入葱段、姜片压 20 分钟，放凉后捞出猪脚。

2. 炒锅置火上，倒入植物油烧热，放入辣椒丁煸炒，放入白糖、食盐、美人椒粒、老抽、清水、猪脚炖至汤汁浓稠时出锅，食用时可以撒上葱花。

豌豆牛肉粒

大满足！

🍲 用料

| 牛肉 300 克
| 豌豆 200 克
| 蒜片 5 片
| 姜片 3 片
| 鸡蛋 1 枚
| 干辣椒、食盐、蚝油、水淀粉、玉米淀粉、料酒、植物油各适量

🍲 做法

1. 牛肉洗净，切成小粒，放入容器内，加入食盐、鸡蛋、玉米淀粉搅拌均匀。

2. 炒锅置火上，倒入清水，加入豌豆，焯烫至七分熟捞出，沥水。

3. 炒锅置火上，倒入植物油，烧至五成热时加入牛肉粒，待牛肉粒微微定型时，用筷子快速拨散，断生后捞出控油。

4. 另起锅，倒入植物油烧热，加入蒜片、姜片煸香，加入干辣椒煸炒，随后加入牛肉粒翻炒，再加入豌豆翻炒，最后加入蚝油、食盐、料酒、清水翻炒均匀，加入水淀粉勾芡，即可出锅。

香水 肥羊

大满足！

🍠 用料

| 肥羊肉片 300 克
| 金针菇 200 克
| 葱 1 棵
| 姜片、蒜片各 5 片

| 美人椒圈、生抽、郫县豆瓣酱、食盐、花椒、植物油各适量

🍲 做法

1. 葱洗净，切成葱花；金针菇洗净，去根，撕开。

2. 炒锅置火上，倒入清水，待水烧开时加入金针菇，焯烫熟后捞出，沥水装盘；羊肉片放入锅中，焯烫 3~5 分钟捞出。

3. 另起锅，倒入植物油烧热，加入葱花、姜片、蒜片煸香，再加入郫县豆瓣酱炒散，最后加入花椒、清水、生抽、食盐，煮开后捞出这些调味残渣，下入羊肉片煮 3 分钟，出锅装碗，撒上葱花、美人椒圈即可。

猪脚 姜

大满足！

用料

| 猪脚 600 克
| 鸡蛋 3 枚
| 姜 1 块
| 枸杞子、生抽、老抽、红糖、葱段、食盐、植物油各适量

做法

1. 姜切成片；猪脚洗净，从中间劈开，剁成块。

2. 炒锅置火上，倒入清水，加入鸡蛋煮熟后捞出，去皮后切成两半。

3. 另起锅，倒入清水，待水响边时，放入猪脚焯烫 10～15 分钟，撇除血沫，捞出沥水。

4. 高压锅置火上，倒入清水，加入姜片、葱段、猪脚压 20～30 分钟后捞出。

5. 另起锅，倒入植物油烧热，加入姜片、红糖、老抽、生抽、食盐、猪脚炖 5 分钟，加入鸡蛋和枸杞子，1 分钟后即可出锅。

黑椒牛柳

大满足！

🥘 用料

| 牛肉 500 克
| 洋葱 50 克
| 青椒、红椒各 10 克
| 鸡蛋 1 枚
| 大蒜、黑椒汁、食盐、玉米淀粉、生抽、水淀粉、植物油、白糖各适量

🍲 做法

1. 所有蔬菜洗净；洋葱切成丝；大蒜切成末；红椒和青椒切成菱形块。

2. 将牛肉洗净，先顺纹理切成肉条，再逆纹理切成肉片，放入容器内，加入食盐、鸡蛋、清水搅拌均匀，加入玉米淀粉搅拌均匀。

3. 炒锅置火上，倒入植物油，待油烧至五成热时放入牛肉片，待牛肉片微微定型时用筷子快速拨动搅开，断生后捞出沥油。

4. 另起锅，倒入植物油烧热，加入洋葱丝、蒜末煸香，加入清水、黑椒汁、生抽、食盐、白糖、牛肉片、青椒块、红椒块翻炒，最后加入水淀粉勾芡即可。

梅干菜扣肉

大满足！

🥄 用料

| 五花肉 500 克
| 梅干菜 150 克
| 生抽 20 克
| 老抽 5 克
| 葱末、姜片、花椒、八角、海鲜酱、柱侯
酱、植物油各适量

🍳 做法

1. 梅干菜放入碗中，倒入清水泡 10 分钟，取出后挤去水分。

2. 炒锅置火上，加入清水、葱末、姜片、花椒、八角、五花肉煮 20～30 分钟，可用筷子扎一下看是否煮熟，煮熟后捞出沥干水分，如果有厨房用纸，可以吸干水分。

3. 另起锅，倒入植物油，待油烧至七成热时，放入煮熟的五花肉，盖上锅盖，待肉炸至呈淡黄色且表皮有凸起的小泡后，捞出沥油。

4. 炸好的肉切成均匀大片后放入容器内，放入生抽、老抽、海鲜酱、柱侯酱搅拌均匀，肉皮朝下放入干净的碗内，码放整齐。

5. 炒锅置入火上，将梅干菜倒入锅中不停翻炒，出锅后放入装好五花肉的碗中。

6. 蒸锅置火上，将碗放入蒸锅中蒸 25～30 分钟后即可。

蚝油排骨

大满足!

🍳 用料

| 排骨 500 克
| 香菇 150 克
| 白芝麻 10 克
| 蚝油 2 汤勺
| 香菜段、葱末、姜末、蒜末、食盐、植物油、生抽各适量

🍲 做法

1. 香菇洗净，去蒂，切成四瓣；排骨剁成小段；葱末、姜末、蒜末、排骨段放入沸水中焯烫，用勺子将锅中的血沫撇净，捞出沥水。

2. 炒锅置火上，放入植物油烧热，将排骨段放入锅中，放入蚝油翻炒均匀，放入生抽、食盐翻炒均匀后出锅，撒上白芝麻和香菜段即可食用。

腐乳红烧肉

大满足!

🍲 用料

| 五花肉 500 克
| 腐乳 1 块
| 老抽 2 汤勺
| 葱花、蒜片、姜片、
八角、白糖、食盐、
植物油各适量

🍲 做法

1. 五花肉切成块，放入沸水中焯烫，用勺子撇去锅中的血沫，捞出沥水。

2. 炒锅置火上，倒入植物油烧热，放入姜片、八角、蒜片炒香，放入肉块翻炒均匀，放入碾碎的腐乳和腐乳汁、老抽，加入清水没过肉块，放入食盐、白糖，待汤汁浓稠、肉质软烂后出锅，撒上葱花即可。

蜜汁五花肉

大满足！

用料

| 五花肉 350 克
| 薄饼 2 张
| 姜片 3 片
| 香葱段、白糖、老抽、食盐、植物油各适量

做法

1. 五花肉洗净，切成大片。

2. 炒锅置火上，倒入植物油烧热，切好的五花肉片倒入锅内，另一手需要拿好锅盖，肉片放入锅内后就将锅盖盖住，炸至发硬，捞出沥油。

3. 另起锅，倒入植物油烧热，加入姜片、清水、白糖、食盐、老抽、五花肉片烧至浓稠后装盘，香葱段、薄饼放入盘边即可。

杭椒牛柳

大满足！

🍳 用料

| 牛里脊肉 350 克
| 杭椒 70 克
| 鸡蛋 1 枚
| 淀粉、料酒、蚝油、老抽各 2 汤勺
| 红椒条、姜片、蒜片、白糖、食盐、植物油各适量

🍲 做法

1. 牛里脊肉洗净，切成肉条；杭椒洗净，去蒂，切成长条。

2. 牛肉条放在大碗中，放入料酒、清水、食盐搅拌均匀，再放入鸡蛋液抓匀，腌 15 分钟，放入淀粉给牛肉条上浆。

3. 炒锅置火上，倒入植物油烧至五成热，放入牛肉条迅速拨散，炸至变色后捞出沥油，杭椒条放入油锅中稍炸一下，捞出沥油。

4. 另起锅，放入植物油烧热，放入姜片、蒜片煸香，放入牛肉条、杭椒条、红椒条翻炒均匀，放入蚝油、白糖、食盐、老抽迅速翻炒即可出锅。

豆豉蒸排骨

大满足！

🍲 用料

| 排骨 500 克
| 豆豉 15 克
| 蒜末、葱花、蚝油各适量

🍲 做法

1. 排骨洗净，剁成段，放入大碗中，放入豆豉、蚝油、蒜末，然后反复揉搓，腌 2 小时。

2. 排骨段放在蒸笼里，蒸笼放入蒸锅中蒸 40 分钟，出锅后撒上葱花即可。

话梅排骨

大满足！

用料

| 排骨 500 克
| 话梅 40 克
| 料酒、生抽各 2 汤勺
| 白芝麻 10 克
| 葱段、姜片、八角、白糖、植物油、食盐各适量

做法

1. 排骨洗净，剁成段；话梅放入清水中浸泡。

2. 锅置火上，倒入清水，将排骨段冷水下锅，用勺子将血沫撇净后捞出。

3. 另起锅，倒入清水，放入排骨段、料酒、葱段、姜片、八角炖 40 分钟，捞出沥水。

4. 炒锅置火上，倒入植物油烧热，放入白糖和清水熬至浓稠后加入话梅、排骨段，加入料酒、生抽、食盐调味，翻炒均匀后出锅，撒上白芝麻即可食用。

锅包里脊

大满足！

🍴 用料

| 猪里脊肉 400 克
| 番茄酱 3 汤勺
| 淀粉、白糖各 2 汤勺
| 白醋 1 汤勺
| 红椒丝、香菜段、姜丝、
食盐、料酒、植物油各适量

🍲 做法

1. 猪里脊肉切成片，放入碗中，放入料酒、食盐腌 30 分钟，淀粉放入碗中，加入适量的清水搅拌成糊。

2. 在炒锅中倒入植物油，烧至五成热，将肉片依次放入锅中，肉片炸至金黄色，捞出沥油。

3. 另起锅，倒入植物油烧热，将番茄酱倒入锅中，加入白醋、白糖、食盐调味，将水淀粉倒入锅中勾芡，迅速搅拌，待汤汁浓稠时放入肉片，翻炒均匀后放入姜丝，上桌时撒上香菜段和红椒丝即可食用。

水煮肉片

大满足!

🥄 用料

| 里脊肉 300 克
| 西生菜 200 克
| 淀粉 50 克
| 鸡蛋 1 枚
| 花椒、干辣椒、蒜末、姜末、葱花、食盐、郫县豆瓣酱、生抽、水淀粉、植物油各适量

🍲 做法

1. 西生菜洗净，撕成小块，装盘；里脊肉洗净，切成片，放入碗中，加入清水、食盐、蛋液，用手抓均匀，再加入淀粉搅拌均匀。

2. 炒锅置火上，倒入植物油烧至六成热，加入肉片炸至断生捞出沥油。

3. 另起锅，加入葱花、姜末、花椒爆香，随后加入郫县豆瓣酱爆香，再加入少量生抽、肉片煮 5 分钟，加入水淀粉勾芡后出锅，装碗后撒上干辣椒。

4. 另起锅，倒入植物油烧至七成热后，快速浇在肉片上，最后撒上葱花、蒜末即可食用。

回锅五花肉

大满足！

🥄 用料

| 带皮五花肉 250 克
| 青蒜 2 棵
| 豆豉 15 克
| 姜片、蒜片、八角、
葱段、郫县豆瓣酱、
植物油、生抽、白糖
各适量

🍲 做法

1. 带皮五花肉冷水下锅，放入八角、葱段、姜片煮 15～20 分钟至八分熟，捞出沥水，切成薄片；青蒜切成段。

2. 锅内放入植物油，烧至五成热，将肉片炸至变色捞出沥油。

3. 另起锅，放入植物油烧热，加入蒜片、姜片、葱段煸香，放入豆豉、郫县豆瓣酱炒香，放入肉片迅速翻炒均匀，放入生抽、白糖调味，再放入青蒜段翻炒均匀即可。

120

芫爆肚丝

大满足！

🍲 用料

| 猪肚 400 克
| 香菜 100 克
| 笋丝 50 克
| 姜片 4 片
| 干辣椒、葱段、食盐、植物油各适量

🍲 做法

1. 香菜洗净，去根，切成小段。

2. 炒锅置火上，倒入清水，猪肚下入锅内焯烫 10～15 分钟，捞出。

3. 另起锅，倒入清水，加入猪肚、葱段、姜片、干辣椒、食盐，煮 30～40 分钟后捞出猪肚，投凉，切粗条。

4. 炒锅置火上，倒入植物油烧热，加入干辣椒、猪肚条煸炒，加入笋丝、食盐、清水、香菜翻炒均匀即可。

水晶 南瓜肘

大满足！

用料

| 肘子、南瓜各 300 克
| 小茴香 5 克
| 香叶 2 片
| 姜片 5 片
| 肉蔻、白扣、八角、葱段各适量

做法

1. 南瓜去瓤和皮，切成块，装入盘中。

2. 蒸锅置火上，放入南瓜块蒸 15～20 分钟后取出。

3. 炒锅置火上，加入肉蔻、白扣、八角、小茴香、香叶、葱段、姜片和清水，下入肘子焯烫 5～10 分钟，用勺子将血沫撇除，捞出肘子沥水，剔除骨头，肉切大块。

4. 另起锅，倒入清水，加入肉块炖 90～120 分钟后捞出肉块，倒入容器内静置 2 小时，再放入冰箱保鲜 8 小时，取出后切小块。

5. 南瓜块摆放在小肉块上，稍加装饰即可。

蒜香羊排

大满足！

用料

| 羊排 500 克
| 洋葱 50 克
| 大蒜 1 头
| 葱花、红椒、辣椒粉、孜然、白芝麻、食盐、植物油各适量

做法

1. 羊排洗净，剁成块；红椒洗净，去根，切碎末；洋葱切碎末；大蒜掰瓣。
2. 炒锅置火上，倒入清水，冷水下羊排焯烫，用勺子撇除血沫，捞出羊排沥水。
3. 另起锅，倒入植物油烧热，煎制羊排，待羊排两面煎好后加入蒜瓣、辣椒粉、孜然、白芝麻、食盐，翻炒均匀后撒上葱花即可出锅。

肉末蒸 冬瓜

大满足！

🥄 用料

| 猪肉馅 50 克
| 冬瓜 500 克
| 胡萝卜 200 克
| 葱花、玉米粒、食盐、蒸鱼豉油各适量

🍲 做法

1. 冬瓜去皮，切成长条，再切成片，冬瓜片装盘后倒入蒸鱼豉油。
2. 胡萝卜切成小丁。
3. 猪肉馅放在冬瓜片上，撒上胡萝卜丁、玉米粒、食盐。
4. 蒸锅置火上，放入冬瓜蒸 20 分钟后，撒上葱花即可食用。

白切羊肉

大满足！

🐏 用料

| 羊肉 500 克
| 干辣椒 10 克
| 葱花、红椒粒、葱段、姜片、花椒、
八角、食盐、老抽各适量

🍲 做法

1. 羊肉冷水下锅，葱段、姜片、干辣椒、花椒、八角、食盐放入锅中，大火烧开后再改小火炖 1 小时。

2. 炖好的羊肉捞出，凉凉（将凉凉的羊肉放入冰箱里冷藏半天，口感会更好）。

3. 冷却好的羊肉切成薄片，撒上葱花、红椒粒即可。

糖醋里脊

大满足！

🥢 用料

| 里脊肉 400 克
| 淀粉 100 克
| 鸡蛋 1 枚
| 香菜段、白芝麻、白糖、白醋、番茄酱、食盐、植物油各适量

🍲 做法

1. 里脊肉洗净，去皮，切成条；淀粉倒入容器内，加入蛋液、清水搅拌均匀成面糊；切好的里脊肉条放在容器内，加入食盐，让肉条有底味。

2. 炒锅置火上，倒入植物油烧至四成热后，将里脊肉条粘上面糊，下油锅炸至淡金黄色，捞出沥油。

3. 另起锅，倒入植物油烧至五成热后，倒入白糖、白醋、番茄酱、食盐，用勺子在锅内搅拌，待番茄酱冒泡后，倒入炸好的里脊肉条快速翻炒均匀，撒上白芝麻和香菜段即可。

蒜苗炒肉片

大满足!

🍳 用料

| 五花肉 300 克
| 蒜苗 100 克
| 姜片 3 片
| 香叶 1 片
| 桂皮 3 克
| 葱段、蒜片、八角、豆豉、郫县豆瓣酱、植物油各适量

🍲 做法

1. 蒜苗斜刀切成块。

2. 炒锅置火上，倒入清水，五花肉、葱段、姜片、八角、香叶、桂皮冷水下锅，焯烫 5 分钟后捞出五花肉，再切成片。

3. 另起锅，倒入植物油，待油烧至五成热时，加入肉片炸至略干一些，捞出沥油。

4. 锅内留有植物油，加入姜片、蒜片煸香，加入郫县豆瓣酱炒散，随后加入豆豉炒香，再加入五花肉片翻炒均匀，最后放入蒜苗段、葱段快速翻炒后即可出锅。

小·米·蒸 排骨

大满足！

🦑 用料

| 排骨 300 克
| 小米 50 克
| 红椒粒、食盐、柱侯酱、海鲜
酱各适量

🍲 做法

1. 小米倒入容器内泡发；排骨洗净，剁成块，放入容器内，加入海鲜酱、柱侯酱、食盐搅拌均匀，加入小米搅拌均匀。

2. 蒸锅置火上，排骨块放入小蒸笼内，蒸笼放入蒸锅中蒸 20～30 分钟后出锅，装盘后撒上红椒粒即可食用。

干炸里脊

大满足!

用料

| 猪里脊肉 350 克
| 鸡蛋 1 枚
| 面粉、食盐、番茄酱、植物油各适量

做法

1. 猪里脊肉先切厚片，再切成长条。

2. 取一大碗放入面粉，鸡蛋磕入碗中，在碗中加入适量的清水、面粉和鸡蛋搅拌成糊。

3. 另取一碗，放入肉条，加入食盐腌 15 分钟。

4. 炒锅置火上，倒入植物油，烧至五成热时放入肉条，炸至浅黄色后捞出，再放到锅里炸第二次，炸至金黄色后捞出，食用时可搭配番茄酱。

番茄牛腩

大满足！

🍄 用料

| 牛腩 500 克
| 番茄 1 个
| 生抽 2 汤勺
| 葱花、葱段、姜片、蒜片、八角、食盐、植物油各适量

🍲 做法

1. 洗净的番茄切去根部，切成块；牛腩洗净后切成块，放入沸水中焯烫，用勺子撇去锅中的血沫后捞出。

2. 炒锅置火上，倒入植物油烧热，放入姜片、八角煸香，放入牛腩块翻炒均匀，倒入清水将牛腩块炖 1 小时。

3. 另起锅，倒入植物油烧热，加入葱段、蒜片、番茄块翻炒均匀。

4. 将炖好的牛腩块连同原汤一起倒入装有番茄块的锅中，加入生抽、食盐继续炖 30 分钟，撒上葱花即可。

腊肉蒸蛋

大满足!

🍄 用料

| 鸡蛋 5 枚
| 腊肉、青豆各 150 克
| 胡萝卜 100 克
| 生抽、食盐、植物油
各适量

🍲 做法

1. 腊肉去皮，切成小丁；胡萝卜洗净后去皮，切成小丁。
2. 鸡蛋磕入大碗中，边搅拌边加入适量的清水，搅拌均匀后倒入合适的容器中，然后放入蒸锅中蒸熟。
3. 炒锅置火上，放入植物油烧热，放入腊肉炒香，放入胡萝卜丁、青豆、生抽、食盐炒熟，倒在蛋羹上即可食用了。

小·炒黄牛肉

大满足！

🥄 用料

| 牛肉 300 克
| 香芹 100 克
| 大蒜 1 头
| 小米椒、杭椒、老抽、蚝油、生抽、食盐、植物油各适量

🍲 做法

1. 大蒜切成末；香芹去叶子，去根，切成段；杭椒去根，切成丁；小米椒去根，切成小丁；牛肉洗净，切成肉片，倒入碗内腌，加入蚝油、老抽搅拌均匀。

2. 炒锅置火上，倒入少量植物油烧热，加入腌好的牛肉片煸炒，断生后倒出。

3. 另起锅，倒入植物油烧热，加入蒜末煸香，加入小米椒煸炒，加入牛肉片、香芹段、杭椒丁翻炒，加入生抽、食盐快速翻炒即可。

砂锅 排骨

大满足！

用料

| 排骨 300 克
| 粉丝 15 克
| 葱花、姜末、枸杞子、食盐各适量

做法

1. 粉丝放容器内，加入清水泡发；排骨洗净，剁成段。

2. 砂锅置火上，加入清水、姜末、排骨段煮 10 分钟，用勺子撇除血沫，加入枸杞子、食盐再煮 15 分钟，加入粉丝焖煮 3 分钟，撒上葱花即可。

花生仁炖猪脚

大满足！

🍲 用料

| 猪脚 500 克
| 花生仁 150 克
| 黄豆 100 克
| 料酒、生抽 各 2 汤勺
| 葱花、小茴香叶、枸杞子、葱段、姜片、八角、食盐各适量

🍲 做法

1. 猪脚洗净，劈开，剁成块，放入沸水中焯烫，用勺子将血沫撇净后捞出猪脚；花生仁、黄豆放入清水中泡发。

2. 高压锅置火上，倒入清水，放入猪脚、葱段、姜片、八角、料酒、生抽炖 30 分钟后捞出猪脚。

3. 另起锅，倒入清水，放入猪脚、花生仁、黄豆炖至花生仁、黄豆软烂后加入食盐，撒上葱花、小茴香叶、枸杞子即可。

第四章

水产品

鲜汁拌海鲜

大满足!

🍲 用料

| 虾仁、海螺各 200 克
| 毛蚶子 3 个
| 黄瓜丝、食盐、生抽各适量

🍲 做法

1.炒锅置火上,倒入清水,加入毛蚶子、海螺煮开后捞出。

2.毛蚶子掰开,去内脏;取出海螺肉,去内脏,切成片。

3.炒锅置火上,倒入清水,加入虾仁、毛蚶子、海螺片焯烫一下捞出,沥水后放入盛有黄瓜丝的容器内,加入食盐、生抽搅拌均匀即可食用。

143

鱼头豆腐

大满足！

🍲 用料

| 胖头鱼头 600 克
| 豆腐 200 克
| 姜片 5 片
| 大蒜 1 头
| 花椒 5 克
| 葱段、干辣椒、八角、生抽、老抽、
食盐、白糖、植物油各适量

🍲 做法

1. 豆腐切成片；大蒜掰瓣；胖头鱼头洗净，中间切开，在背部斜刀改刀。

2. 炒锅置火上，倒入植物油烧热，加入葱段、姜片、蒜瓣、干辣椒、花椒、八角、老抽、清水、生抽、食盐、白糖、鱼头炖 30～45 分钟，再加入豆腐炖 5～10 分钟，即可出锅。

酥鲫鱼

大满足！

🍲 用料

| 鲫鱼 500 克
| 姜片 6 片
| 郫县豆瓣酱 20 克
| 干辣椒 5 根
| 花椒 5 克
| 肉蔻 1 个
| 葱段、蒜片、八角、米醋、白糖、植物油、香菜段各适量

🍳 做法

1. 鲫鱼处理干净后洗净。

2. 炒锅置火上，倒入植物油，烧至八成热，加入鲫鱼炸至酥脆，捞出沥油。

3. 另起锅，倒入植物油，加入葱段、姜片、蒜片煸香，加入花椒、八角、肉蔻、干辣椒炒香，加入郫县豆瓣酱炒散炒香，加入米醋、白糖、清水、鲫鱼炖30～40 分钟，出锅后装盘，撒上香菜段即可食用。

黄瓜炒虾仁

大满足！

🍲 用料

| 虾仁、黄瓜各 200 克
| 胡萝卜 100 克
| 食盐、水淀粉、植物油各适量

🍳 做法

1. 胡萝卜、黄瓜分别洗净后去皮，从中间切开，去除中间瓜芯，需从外部斜刀切入，然后顶刀切小丁。

2. 炒锅置火上，倒入清水，待水煮沸时放入虾仁，待颜色变粉色或肉质紧绷时，捞出沥水，黄瓜丁、胡萝卜丁倒入锅中，焯烫七分熟后，捞出沥水。

3. 另起锅，倒入植物油烧热，将虾仁、黄瓜丁、胡萝卜丁倒入锅中翻炒，再加入少量食盐翻炒均匀，加入适量水淀粉勾芡，即可出锅。

147

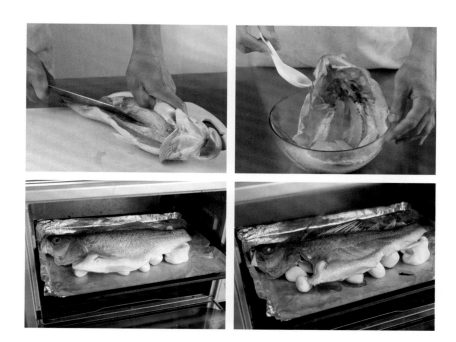

香烤鲈鱼

大满足！

🍄 用料

| 鲈鱼 500 克
| 姜片 5 片
| 红椒粒、青椒粒各 5 克
| 葱花、葱段、食盐、料酒各适量

🍲 做法

1. 鲈鱼清洗干净，剔除脊骨，放入容器内，加入食盐、葱段、姜片、料酒腌 20 分钟。

2. 烤盘铺上一层锡纸，放白色石头，鲈鱼放在石头上面，放入烤箱烤制，上火 200℃，下火 180℃，烘烤 30～50 分钟，撒上葱花、青椒粒、红椒粒即可。

松鼠鳜鱼

大满足！

用料

| 鳜鱼 500 克
| 虾仁、香菇各 10 克
| 青豆 20 克
| 蛋清、食盐、玉米淀粉、橙汁、番茄酱、白糖、水淀粉、植物油各适量

做法

1. 虾仁洗净，切成丁；香菇切小丁。

2. 鳜鱼处理干净，去头，在中间脊骨处下刀，横着片到尾部，不可片断，再将另一面片至尾部，斩去脊骨，再去肋骨，最后将鳜鱼肉改刀成麦穗状，放入容器内，加入食盐、蛋清抓匀即可拿出放在案板上；撒上玉米淀粉，背部端捏实。

3. 炒锅置火上，倒入植物油，待油烧至六成热时，下入鳜鱼炸至金黄，在鱼口中放入牙签，均匀地撒上玉米淀粉，下入锅内炸至金黄，捞出沥油放在盘中。

4. 另起锅，倒入清水、青豆、香菇丁、虾仁焯烫后捞出沥水，撒在鱼上。

5. 汤留用，加入橙汁、番茄酱、白糖、清水熬制，再加入水淀粉勾芡，最后均匀地浇淋在鳜鱼上面即可食用。

炸虾天妇罗

大满足！

🍲 用料

| 草虾 200 克
| 玉米淀粉 50 克
| 鸡蛋 1 枚
| 食盐、植物油各适量

🍲 做法

1. 草虾去头，留下虾尾的皮，虾背中间切开，不要切透。

2. 玉米淀粉放入容器中，加入蛋液、清水、食盐搅拌均匀成糊。

3. 炒锅置火上，倒入植物油，待油烧至三四成热时，虾挂上糊，然后下油锅炸至金黄色，捞出沥油，虾装盘即可食用。

油爆大虾

大满足！

🍲 用料

| 草虾 300 克
| 洋葱 50 克
| 姜片 5 片
| 生抽、食盐、植物油各适量

🍲 做法

1. 草虾洗净，剔除虾线；洋葱切成丝。

2. 炒锅置火上，倒入清水，待水烧开后下入草虾焯烫，微微变色后捞出沥水。

3. 另起锅，倒入植物油，待油烧至六成热时，加入草虾炸20 秒，捞出沥油。

4. 锅内留有植物油，加入姜片、清水、生抽、草虾烧5～8 分钟，加入洋葱丝、食盐快速翻炒均匀即可。

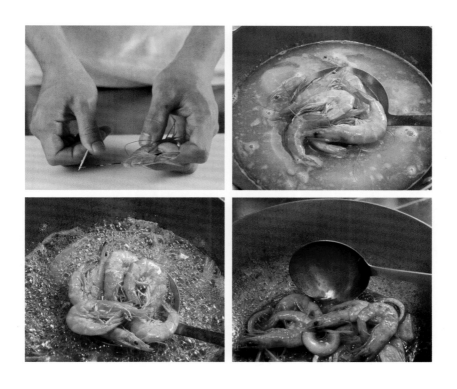

铁板鲈鱼

大满足！

🐟 用料

| 鲈鱼 500 克
| 香葱 1 根
| 红椒 20 克
| 姜片 5 片
| 白芝麻、老抽、料酒、食盐、白糖、郫县豆瓣酱、冰糖、八角、植物油各适量

⊙ 做法

1. 香葱洗净，切成葱花；红椒洗净，去根，切成粒；鲈鱼处理干净，在背部斜刀切几刀，更好入味。

2. 炒锅置火上，倒入植物油，待油烧至七成热时下入鲈鱼炸，待炸至定型且色泽金黄时捞出沥油。

3. 锅内留有植物油，加入八角、姜片煸香，加入老抽、料酒、清水、食盐、白糖、鲈鱼炖 20 分钟，加入郫县豆瓣酱、冰糖、红椒粒烧至收汁后，撒上葱花、白芝麻即可。

蔬菜鱼丸

大满足！

🍳 用料

| 草鱼 500 克
| 香菜 2 根
| 枸杞子、干木耳、水芹粒各 5 克
| 上海青 50 克
| 白玉菇 100 克
| 葱花、食盐、胡椒粉、植物油各适量

🍲 做法

1. 干木耳放入容器内，加入清水泡发；香菜切成段；上海青洗净，中间切开。

2. 草鱼处理干净，去头，从脊骨处片开，剔除骨头，去鱼皮，将红的鱼肉去掉，剁成很细的鱼蓉，放在容器内，加入水芹粒、食盐、胡椒粉搅拌均匀。

3. 炒锅置火上，倒入清水，待水烧开后关小火，待水面平静后，鱼蓉氽入锅中制成鱼丸，待鱼丸熟后捞出。

4. 另起锅，倒入清水，下入木耳焯烫，捞出。

5. 另起锅，倒入植物油烧热，放入葱花煸香，加入清水、胡椒粉、鱼丸、上海青、木耳、白玉菇煮 5~10 分钟，出锅装盘，撒上香菜段、枸杞子即可食用。

蚝油大虾

大满足！

🍲 用料

| 草虾 500 克
| 番茄酱、蚝油、生抽各 2 汤勺
| 薄荷叶、姜片、白糖、食盐、植物油各适量

🍲 做法

1. 洗净的草虾去虾线，放入沸水中焯烫，煮至变色后捞出沥水。

2. 炒锅置火上，倒入植物油烧热，放入姜片炝锅，放入番茄酱、生抽、蚝油、草虾、白糖、食盐翻炒均匀，撒上薄荷叶即可。

西瓜菠萝琵琶虾

大满足！

🍴 用料

| 草虾、西瓜各 200 克
| 菠萝 150 克
| 面包糠、玉米淀粉、植物油各适量

🍲 做法

1. 菠萝切小块；西瓜去皮，切小块；草虾洗净，去头、皮，剩下尾部的皮不去掉，开背，去虾线。

2. 玉米淀粉倒入容器内，加入清水搅拌成糊。

3. 炒锅置火上，倒入植物油，待油烧至四成热时，虾仁粘上面糊，再粘上面包糠，然后下入锅内，炸至色泽金黄后捞出沥油，和西瓜块、菠萝块一起装盘即可。

水晶虾球

用料

| 虾仁 200 克
| 粉丝 50 克
| 玉米淀粉、白糖、植物油各适量

做法

1. 玉米淀粉放入容器内，加入清水做成糊。

2. 炒锅置火上，倒入植物油，待油烧至六成热时，下入粉丝炸至膨胀，捞出沥油，放入容器内按碎，将虾仁挂糊，下油锅炸至金黄，捞出沥油。

3. 另起锅，倒入清水，加入白糖炒制，待颜色略黄时，放入虾仁快速翻炒均匀，让虾仁挂满糖浆，再快速倒入放有粉丝的容器内即可。

椒块烧鳝鱼

大满足！

🍲 用料

| 鳝鱼 400 克
| 大蒜 1 头
| 青椒块、红椒块各 200 克
| 蚝油、生抽、料酒、食盐、白糖、水淀粉
各适量

🍲 做法

1. 鳝鱼清洗干净，去头和内脏，切成段，在背部切均匀的刀口，放入容器内，加入清水洗净；大蒜掰瓣。

2. 炒锅置火上，倒入清水，待水烧开时，加入鳝鱼段焯烫 5～7 分钟，捞出沥水。

3. 另起锅，加入蒜瓣煸香，加入生抽、清水、料酒、蚝油、食盐、白糖、鳝鱼段、青椒块、红椒块烧 5 分钟，加入水淀粉勾芡，即可出锅。

芥末三文鱼

大满足！

用料

| 三文鱼 200 克
| 芥末膏、蒸鱼豉油各适量

做法

1. 芥末膏放入容器，倒入蒸鱼豉油，做成味汁。
2. 三文鱼洗净，去皮，按逆纹理下刀切好，放在冰上，可以搭配味汁食用。

糖醋鲤鱼

大满足！

🥢 用料

| 鲤鱼 500 克
| 姜片 5 片
| 料酒、生抽、食盐、面粉、白糖、水淀粉、植物油、米醋、橙汁各适量

🍲 做法

1. 鲤鱼处理干净，一面切六刀，一面五刀，均匀地在两面撒上面粉。

2. 炒锅置火上，倒入植物油，待油烧至六成热时，下入锅中炸至金黄，捞出沥油。

3. 另起锅，加入料酒、姜片、生抽、米醋、食盐、白糖、橙汁翻炒，最后加入水淀粉勾芡，做成芡汁，浇淋在鲤鱼上即可食用。

葱烧海参

大满足！

🍲 用料

- 海参 300 克
- 姜片 5 片
- 蒜片 4 片
- 葱 1 根
- 上海青 30 克
- 食盐、白糖、生抽、蚝油、水淀粉、植物油、枸杞子各适量

🍳 做法

1. 上海青洗净，去根；葱切成段；海参中间切开，去内脏，洗净。
2. 炒锅置火上，倒入清水，加入少许植物油、食盐，待水烧开后加入上海青，焯烫一下捞出沥水，然后摆盘。
3. 另起锅，倒入植物油，烧至六成热时下入葱段，炸至色泽金黄，捞出沥油。
4. 另起锅，倒入清水，待水烧开时下入海参焯烫熟，捞出沥水。
5. 另起锅，倒入植物油，加入姜片、蒜片煸香，加入生抽、清水、白糖、蚝油、海参、葱段烧 10 分钟左右，加入水淀粉勾芡，撒上枸杞子即可出锅。

西湖醋鱼

大满足！

🥘 用料

| 草鱼 650 克
| 姜片 5 片
| 小茴香叶、葱段、米醋、白糖、食盐、料酒、水淀粉各适量

🍲 做法

1. 草鱼处理干净，中间切开，去骨，在背部斜刀切七刀。

2. 炒锅置火上，倒入清水，待水烧开时加入料酒、葱段、姜片，调至小火，将鱼下入锅中煮至草鱼熟透，轻轻捞出装盘。

3. 另起锅，倒入米醋、清水、白糖、食盐、料酒、水淀粉勾芡，做成芡汁，淋在草鱼上面，撒上小茴香叶即可。

石烹鲍鱼
大满足！

🥄 用料

| 鲍鱼 500 克
| 姜片 3 片
| 料酒、生抽各适量

🍲 做法

1. 鲍鱼处理干净，取下来，改花刀，放入容器内，加入生抽搅拌均匀。

2. 鹅卵石洗净，放在铁板上，姜片放在鹅卵石上，鲍鱼壳处理干净后放在姜片上，鲍鱼放入壳内。

3. 铁板置火上，烹入料酒，鲍鱼熟后即可食用。

糖醋大虾

大满足！

用料

| 草虾 300 克
| 香菜、白芝麻、白糖、白醋、水淀粉、植物油各适量

做法

1. 草虾洗净，开背，不要开透，去虾线。

2. 锅置火上，倒入清水，待水烧开时，加入草虾焯烫至变色，捞出沥水。

3. 另起锅，倒入植物油，待油烧至六成热时，加入草虾炸至皮脆，捞出沥水。

4. 另起锅，倒入草虾、清水、白糖、白醋、水淀粉勾芡，出锅后撒上白芝麻和香菜即可。

海米 西葫芦

大满足！

🥗 用料

| 海米 50 克
| 西葫芦 300 克
| 胡萝卜片、食盐、植物油、葱花、姜末各适量

🍲 做法

1. 海米倒入容器内，加入清水浸泡 10 分钟，去咸腥味，捞出挤去水分；西葫芦去蒂，削皮，去瓤，切成片。

2. 炒锅置火上，倒入清水，待水烧开时，下入西葫芦焯烫一下，捞出沥水。

3. 另起锅，倒入植物油烧热，下入葱花、姜末、海米炒出香味，加入食盐翻炒均匀，撒上胡萝卜片即可。

小·土豆烧鲍鱼仔

大满足！

🍲 用料

| 鲍鱼 300 克
| 去皮小土豆 10 个
| 葱花、姜片、蚝油、老抽、食盐、植物油
各适量

🍳 做法

1. 鲍鱼处理干净，取下来，放清水中浸泡。

2. 去皮后的小土豆放入热油中，炸至金黄色后捞出。

3. 炒锅置火上，倒入少量植物油烧热，放入葱花、姜片煸香，放入小土豆翻炒均匀，放入蚝油、开水、老抽、鲍鱼开大火，烧至汤汁变少时加入食盐调味，出锅后稍加装饰即可。

番茄大虾

🦐 用料

| 草虾 500 克
| 番茄酱 4 汤勺
| 水淀粉 2 汤勺
| 白糖 1 汤勺
| 食盐、植物油、香菜段各适量

🍲 做法

1. 用刀将草虾开背，用牙签去虾线，放入沸水中焯烫变色，捞出沥水。

2. 炒锅放入植物油，待油烧至七成热时将草虾放入锅中，炸至硬挺捞出。

3. 另起锅，倒入植物油烧热，放入番茄酱、清水、白糖、食盐、水淀粉翻炒至汁液浓稠时，放入草虾翻炒均匀，撒上香菜段即可。

秋葵炒虾仁

大满足！

🍳 用料

| 虾仁、秋葵各 200 克
| 姜片 4 片
| 红椒块、食盐、植物油各适量

🍲 做法

1. 秋葵洗净，去蒂，斜刀切小段。

2. 炒锅置火上，倒入清水，待水沸时倒入虾仁，焯烫七分熟时捞出沥水。

3. 另起锅，倒入清水，放入秋葵焯烫，待水刚开时捞出沥水。

4. 另起锅，倒入少量植物油烧热，加入姜片煸香，加入秋葵段、红椒块、虾仁翻炒均匀，加入食盐翻炒均匀即可。

182

蒜蓉开背虾

大满足!

⊙ 用料

| 草虾 300 克
| 粉丝 50 克
| 大蒜 1 头
| 豆豉、葱花、红椒粒、蒸鱼豉油、小米椒、
植物油各适量

⊙ 做法

1. 草虾洗净，后背开刀，但别切透，去虾线；大蒜切成末，装入小碗中。

2. 炒锅置火上，倒入植物油，烧至八成热时，将油倒入蒜末碗中。

3. 小米椒去根，切成椒圈；粉丝放入碗中，倒入清水泡发。

4. 另起锅，倒入清水，加入草虾焯烫，断生后捞出。

5. 粉丝沥干水，加入少量豆豉和蒸鱼豉油搅拌均匀，放在容器底部，草虾放在上面，蒜末倒在草虾上。

6. 蒸锅置火上，放入装有草虾的盘子，蒸 15 分钟左右，临出锅时撒上红椒粒、葱花即可。

清炒海三鲜

大满足！

🌿 用料

| 虾仁、芥蓝各 200 克
| 北极贝 3 个
| 洋葱片、食盐、植物油各适量

🍲 做法

1. 芥蓝洗净，去叶子，削皮后切成小菱形块；北极贝处理干净，去脏物。

2. 炒锅置火上，倒入清水，待水烧开后下入虾仁、芥蓝、北极贝，焯烫后捞出沥水。

3. 另起锅，倒入植物油烧热，加入北极贝、虾仁、芥蓝、食盐翻炒均匀，撒上洋葱片即可。

芥蓝炒虾仁

大满足！

🐚 用料

| 虾仁、芥蓝各 250 克
| 红椒片 50 克
| 姜片、食盐、水淀粉、植物油各适量

🍲 做法

1. 芥蓝洗净，去硬皮，切成段；切好的芥蓝段、红椒片放入沸水中焯烫后捞出；虾仁放入沸水中焯烫至变色，捞出沥水。

2. 炒锅置火上，倒入植物油，用姜片炝锅，放入芥蓝段、红椒片翻炒均匀，放入虾仁、少量清水、食盐翻炒，放入水淀粉勾芡即可出锅。

龙井炒虾仁

大满足！

🥟 用料

| 虾仁 300 克
| 龙井茶叶 30 克
| 枸杞子、食盐、水淀粉、植物油各适量

🍲 做法

1. 用热水冲泡龙井茶叶，冲泡开后捞出沥水。
2. 炒锅置火上，加入清水烧沸，虾仁放入沸水中焯烫，待虾仁变色时捞出沥水。
3. 炒锅置火上，倒入少量植物油烧热，放入龙井茶叶、虾仁翻炒均匀，放入少量清水、食盐调味，加入水淀粉勾芡，撒上枸杞子即可。

香烤多春鱼

大满足！

用料

| 多春鱼 8 条
| 姜片 5 片
| 红椒 10 克
| 食盐、料酒、葱段各适量

做法

1. 红椒洗净，切细丝。

2. 多春鱼去内脏、头，洗净，放入容器内，加入葱段、姜片、食盐、料酒腌 20 分钟。

3. 烤盘上铺一层锡纸，将多春鱼放在上面，放进烤箱烤制，上火 200℃，下火 200℃，烘烤 20～40 分钟。

4. 从烤箱取出，将红椒丝撒在多春鱼上即可食用。

虾仁豆腐丝

大满足！

🍄 用料

| 虾仁、豆片各 200 克
| 韭菜 150 克
| 红椒粒、黄椒粒、食盐、植物油各适量

🍲 做法

1. 韭菜洗净，切成段；豆片切成丝。
2. 炒锅置火上，倒入清水，下入虾仁焯烫一下，捞出沥水。
3. 另起锅，倒入植物油烧热，先加入豆丝翻炒，再加入清水、食盐、虾仁翻炒均匀，加入韭菜段翻炒熟，撒上红椒粒、黄椒粒即可。

海米穿心莲

🦐 用料

| 干海米 50 克
| 穿心莲 500 克
| 生抽、植物油、葱花、
鹌鹑蛋各适量

🍲 做法

1. 穿心莲洗净，撕小叶。
2. 炒锅置火上，倒入清水，下入穿心莲焯
烫一下，捞出沥水。
3. 另起锅，倒入植物油烧热，加入葱花、
干海米、生抽、清水、穿心莲、鹌鹑蛋翻
炒均匀，即可出锅。

清蒸鲈鱼

大满足!

🐟 用料

| 鲈鱼 500 克
| 姜 1 块
| 青椒丝、红椒丝各 20 克
| 葱白、蒸鱼豉油各适量

🍳 做法

1. 葱白切成丝和段；姜去皮，切成片。

2. 鲈鱼处理干净，中间片开，将一面的脊骨片开，在鲈鱼背部划几刀装盘，撒上葱段、姜片蒸 20～40 分钟出锅，在上面撒上青椒丝、红椒丝、葱丝，倒入蒸鱼豉油。

3. 另起锅，倒入植物油，待油烧到八成热后，快速浇在鱼背上即可。

芙蓉虾仁

大满足！

🍳 用料

| 虾仁、黄瓜 200 克
| 鸡蛋 3 枚
| 玉米粒 30 克
| 胡萝卜 100 克
| 食盐、植物油、姜末各适量

🍲 做法

1. 鸡蛋磕入碗中，只取蛋清；胡萝卜、黄瓜削皮，切成丁。

2. 炒锅置火上，倒入植物油烧热，加入蛋清炒熟后盛出。

3. 另起锅，倒入清水烧沸，加入虾仁、黄瓜丁、胡萝卜丁、玉米粒焯烫一下，捞出沥水。

4. 另起锅，倒入植物油烧热，放入姜末煸香，将所有食材下入锅中翻炒，加入食盐翻炒均匀即可。

虾仁豆腐
大满足！

🍄 用料

| 虾仁 200 克
| 豆腐 300 克
| 姜片 5 片
| 葱花、食盐、水淀粉、植物油各适量

🍲 做法

1. 豆腐切成大片，再切成方块。

2. 炒锅置火上，倒入清水，待水烧开时，下入虾仁焯烫断生，捞出沥水。

3. 另起锅，倒入植物油烧热，加入豆腐块煎至四面金黄后倒出。

4. 另起锅，倒入植物油烧热，加入姜片煸香，加入豆腐块、虾仁、清水、食盐翻炒均匀，加入水淀粉勾芡，装盘后撒上葱花即可食用。

夏日 盐香虾

大满足！

🥘 用料

| 草虾 200 克
| 姜片 3 片
| 薄荷叶、植物油、花椒、
大粒粗盐、葱花各适量

🍲 做法

1. 草虾剔除虾线。

2. 炒锅置火上，倒入清水烧沸，加入姜片、葱花，再下入草虾焯烫，捞出沥水。

3. 另起锅，倒入植物油烧热，先加入花椒煸香，再加入大粒粗盐、草虾翻炒均匀，撒上薄荷叶即可。